BIBLIOTHÈQUE
DE
L'HORTICULTEUR ET DE L'AMATEUR DE JARDINAGE.

CULTURE PRATIQUE
DES
CINÉRAIRES

PAR

E. CHATÉ fils
HORTICULTEUR.

PRIX : 1 FR. 25 C.

PARIS
S 'RAIRIE D'HORTICULTURE DE E. DONNAUD
9, RUE CASSETTE, 9.

CULTURE

DES

CINÉRAIRES.

DU MÊME AUTEUR :

Traité des Verveines. Un joli volume in-32 colombier, avec gravures. Prix, broché : 1 fr. 25

Traité des Lantanas. Un joli volume in-32 colombier, avec gravures. Prix, broché : 1 fr. 25

Traité des Giroflées. Un joli volume in-32 colombier, avec gravures. Prix, broché : 1 fr. 25

Paris. — Imprimerie horticole de E. Donnaud, rue Cassette, 9.

CINÉRAIRE.

CULTURE

DES

CINÉRAIRES

PAR

E. GRATÉ FILS,

HORTICULTEUR.

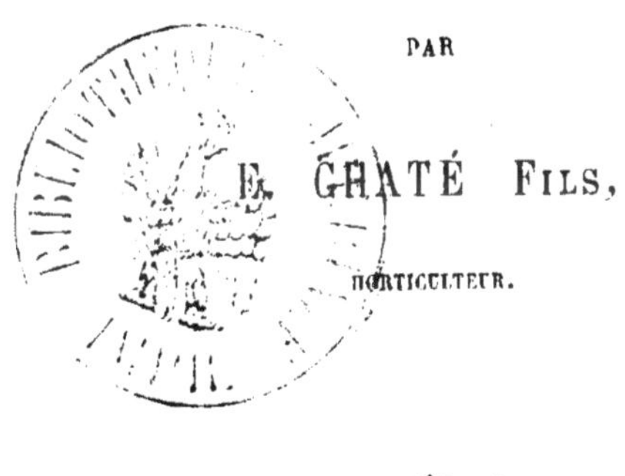

PARIS

LIBRAIRIE D'HORTICULTURE DE E. DONNAUD,

RUE CASSETTE, 9.

1865

CULTURE

DES

CINÉRAIRES

DESCRIPTIONS.

FAMILLE DES COMPOSÉES.

Cette grande famille comprend des herbes et quelquefois des arbrisseaux très-reconnaissables par les étamines soudées au tube, par les anthères seulement, et par la disposition de leurs fleurs en capitules munis d'un involucre commun, ce qui donne à cet ensemble de fleurs l'apparence d'une fleur unique, d'où le nom de *composées* ou de *fleurs composées* donné à cette famille. Chaque fleur a un ovaire infère, supportant un calice composé de poils roides, ou de dents, ou réduit à uu simple bourrelet circulaire; la corolle est ou tubuleuse à 4 ou 5 dents, ou bien fendue dans toute sa longueur et étalée, simulant alors un simple pétale; le style est divisé au sommet en deux branches stigmatiques; le fruit est un akène. Les capitules sont tantôt composés de fleurs toutes tubuleuses nommées *fleurons*, comme dans les Centaurées; tantôt ils ne contiennent que des fleurs à corolle fendue, étalée, nommées *fleurs ligulées* ou *ligules*, comme dans les Chicorées; enfin d'autre fois les fleurs du centre sont tubuleuses (fleurons) hermaphrodides simulant les étamines d'une fleur simple; et celles de la circonférence ligulées femelles ou stériles imitent les pétales.

SENECIO, Seneçon, du latin *senex*, vieillard : allusion aux aigrettes blanches qui couronnent les akènes. — Herbes et arbrisseaux, très-variables de formes. Capitules composés de fleurs ou toutes tubuleuses ou les extérieures ligulées, et d'un involucre formé d'écailles scarieuses sur les bords et marquées d'une tache noire au sommet. Akènes couronnés par une aigrette de plusieurs rangées de poils très-fins et caducs.

CONSIDÉRATIONS GÉNÉRALES.

Parmi les plantes employées pour orner les appartements et les serres pendant l'hiver, les Cinéraires peuvent être placées au premier rang.

Le nom de *Cinéraire* leur vient de la couleur cendrée de leur feuillage. Ces plantes appartiennent au genre SENEÇON, c'est pour les botanistes le *Senecio cruentus*.

De toutes les Cinéraires, la plus cultivée est la *Cineraria cruenta*, c'est-à-dire la Cinéraire pourpre. Elle est vivace et originaire de l'île de Ténériffe. Le type primitif a les rayons d'un rouge clair et le disque d'un pourpre foncé presque noir ; mais la culture a produit, de cette espèce, des variétés de couleurs innombrables, uniformes ou bicolores des plus brillantes. Le vif éclat du coloris, la longue durée de la floraison, la facilité avec laquelle on peut les cultiver et les faire fleurir, ont fait adopter, avec raison, la Cinéraire dans l'ornementation, comme l'une des plantes réunissant tout ce qui peut plaire. Plusieurs horticulteurs parisiens ont fait de cette plante une spécialité de leurs cultures, et en approvisionnent les marchés aux fleurs pendant une partie de l'année.

Aussi est-elle devenue l'objet d'un commerce important, surtout pendant l'hiver où la nature est si pauvre de plantes à fleurs. Dire qu'en quatre mois il se vend de 40 à 50 mille Cinéraires sur les marchés aux fleurs de Paris, c'est montrer quelle importance cette plante occupe aujourd'hui dans le commerce horticole.

DES DIFFÉRENTS MODES DE PROPAGATION.

Les Cinéraires se multiplient de semences, de boutures et d'éclats. Depuis une vingtaine d'années que l'on s'occupe sérieusement de la culture de ce genre de plantes, la multiplication de boutures ou par éclats n'est plus employée que pour conserver pures les variétés extraordinairement belles qui se produisent dans les semis. La variation est tellement facile et rapide chez ces plantes, qu'on obtient, par le semis, des sujets dont une grande partie est presque toujours inférieure aux porte-graines qui les ont produits; on a même eu des porte-graines dont les coloris n'ont jamais été retrouvés.

C'est principalement sur les coloris bleu, violet et blanc, que la reproduction est la plus ingrate.

Les semis sortant de ces coloris donnent un grand nombre de variétés de couleurs fausses et de peu d'effet.

Les semis provenant des coloris rouges sont ceux qui se reproduisent le plus fidèlement; l'espèce primitive étant de cette couleur, cela prouve que plus on s'en éloigne, plus aussi on doit s'attendre à avoir de fausses couleurs.

La propagation par semis étant la plus usitée, je vais premièrement aborder les détails de cette opération. L'époque de semer est déterminée par celle où l'on désire obtenir la floraison. Ainsi pour les Cinéraires destinées à fleurir aux mois de décembre et janvier, on les sème en février et mars sur couche, et on repique de même ; on peut semer ainsi jusqu'à la fin de juillet, pour avoir des Cinéraires en fleurs jusqu'au mois de juin suivant ; semées après cette époque, les plantes ne sont plus assez fortes pour passer l'hiver.

Les semis faits en janvier et février se font de préférence en terrines remplies d'une bonne terre mélangée à l'avance, bien douce et sablonneuse. Les graines, placées à la main, doivent être à peine recouvertes ; on les saupoudre seulement d'un peu de bon terreau très-fin.

Quelle que soit l'époque, les semis doivent toujours être tenus dans un milieu humide et ombré, quoique placés le plus près possible de la lumière.

Il est essentiel de ne pas semer trop dru, afin que les plants puissent développer leurs trois premières feuilles sans être trop gênés jusqu'à l'époque du repiquage.

REPIQUAGE.

On repique les Cinéraires aussitôt que les plants prennent leur quatrième feuille; on les repique en échiquier, à la distance de 12 à 15 centimètres les uns des autres, en leur donnant, pendant quelque temps, des soins minutieux. Ainsi on couvre les châssis de paillassons pendant le soleil, et on les découvre chaque soir ; et, pendant quelques jours, on tient les châssis fermés, afin de favoriser le développement de nouvelles racines.

Dans les terres fortes et argileuses on les repique par trois ou quatre dans des pots de 12 à 14 centimètres, remplis de bonne terre mélangée à l'avance : moitié terreau et moitié terre de bruyère sableuse.

On devra chaque soir les bassiner pour faciliter l'extension des feuilles, et en même temps pour empêcher les insectes et la grise. On leur donne graduellement de l'air à mesure qu'ils se développent ; on retire même entièrement les châssis pour les remplacer par des claies, ou, à défaut, par des paillassons, lesquels doivent être retirés chaque soir, afin de faire profiter le plant de la rosée des nuits.

TRANSPLANTATION.

Dès que les feuilles commencent à se toucher, on transplante, à nouveau, les jeunes pieds de Cinéraires à 35 ou 40 centimètres, toujours en échiquier, dans une plate-bande placée le plus possible à l'ombre.

Il est essentiel, pour cette opération, comme pour le repiquage, de choisir, autant que possible, un temps sombre et pluvieux. Je ferai aussi remarquer que les Cinéraires aiment à être peu enterrées ; aussi doit-on s'appliquer, en repiquant ou en transplantant, à ne les enterrer que jusqu'aux deux premières feuilles inférieures.

Pour les personnes auxquelles la nature du sol ne permet pas de replanter en pleine terre, et qui auront repiqué à trois et quatre plants dans des pots, elles doivent les séparer aussitôt que les feuilles se touchent, et les remettre dans des pots proportionnés à leur force.

On bassine chaque soir, comme je l'ai dit au repiquage, pendant les grandes chaleurs, afin de faciliter la reprise dans la terre où ils sont transplantés, et aussi pour permettre au feuillage d'acquérir tout son développement avant le rempotage dans les pots où ils doivent fleurir.

EMPOTAGE.

Les Cinéraires doivent être mises en pots, du commencement de septembre à la fin d'octobre, selon l'époque où elles auront été semées. La terre destinée à cette opération doit être mélangée à l'avance et composée de 4 parties de bon terreau de couches ou de feuilles bien consommées, de 4 parties de terre de bruyère, et de 2 parties de terre du sol si le terrain est sablonneux ; dans le cas contraire, le compost sera fait de moitié de terre de bruyère sableuse et moitié terreau comme je l'ai indiqué pour le repiquage.

La grandeur des pots doit toujours être proportionnée à la force des plantes, soit entre 12 et 16 centimètres. A mesure que les plantes sont empotées, on les place, soit dans une serre bien éclairée et aérée, soit sous des châssis que l'on tient ombrés et sans air pendant quelques jours, et l'on continue les soins indiqués pour le repiquage et la transplantation.

Aussitôt reprises dans leurs pots, les Cinéraires doivent jouir du plus d'air possible ; on doit donc toujours aérer tant que le thermomètre se maintient au-dessus de glace.

SOINS A DONNER PENDANT L'HIVER.

A mesure que les Cinéraires sont reprises dans leurs pots, et qu'elles acquièrent un nouveau développement, il faut les éplucher et les espacer, afin qu'elles puissent uniformément produire des branches et des feuilles. Éplucher et espacer les Cinéraires, à mesure qu'elles prennent de l'extension, est une opération sur laquelle on ne saurait apporter trop de vigilance ; une feuille gâtée entraîne souvent la perte de la plante entière, et peut aussi gagner les plantes voisines ; en outre, des Cinéraires trop pressées s'étiolent et donnent des corymbes de fleurs d'autant plus petits que les plantes ont été plus longtemps serrées.

MODE DE CHAUFFAGE POUR AVANCER LA FLORAISON.

Les Cinéraires ne demandent qu'une température de 5 à 6 degrés pour se développer ; mais s'il faut peu de chaleur pour les faire pousser, il leur faut aussi peu de froid pour les faire périr ; 2 degrés au-dessous de zéro suffisent pour les geler quand les châssis n'ont pas été couverts de paillassons.

Aussitôt que les plantes montrent leurs boutons à fleurs, on doit cesser les bassinages, à moins que ce ne soit à l'eau de tabac pour détruire les Pucerons qui auraient pu faire leur apparition.

Les Cinéraires dont on voudra obtenir une floraison prématurée devront être rentrées dans une bonne serre facile à chauffer et qui permette aussi de donner facilement de l'air. Toutes les plantes destinées à être chauffées devront toujours être en boutons avant leur entrée dans la serre chaude destinée à avancer leur floraison. La chaleur peut être élevée de 15 à 18 degrés centigrades, pourvu que les jours de grand soleil on donne grand air aux châssis.

Plus les Cinéraires approchent de leur épanouissement complet, plus il faut les mettre en contact avec l'air, afin de les empêcher de se faner lorsqu'on les sortira de la serre pour les vendre ou pour garnir des appartements.

CHOIX DES PORTE-GRAINES.

Pour porte-graines on ne doit choisir que des Cinéraires à coloris francs et vifs, qui s'étalent en nombreux rameaux formant un beau et ample corymbe, et dont les fleurs ou capitules soient bien larges, ronds, et élégamment disposés sur une hampe forte et peu élevée.

Les porte-graines qui reproduisent le mieux la plante choisie sont, comme je l'ai déjà dit, ceux à coloris rouge ou rose, unicolore ou bicolore : l'espèce primitive étant de ces coloris, c'est toujours celui qui donne le moins de mauvaises plantes.

On a obtenu en Angleterre une race à très-petites fleurs, mais d'une perfection de forme extraordinaire.

Les horticulteurs parisiens préfèrent et recherchent les variétés ayant les plus grandes fleurs, mais ces fleurs pèchent souvent par la forme; néanmoins elles sont d'un grand effet : j'en ai possédé plusieurs dont les fleurs atteignaient la dimension de petites Reines-Marguerites.

SOINS A DONNER AUX PORTE-GRAINES.

Les porte-graines doivent être soignés de plusieurs façons, soit pour récolter les graines à la main, soit qu'on les place dans un endroit où ils se sèment d'eux-mêmes.

Dans ce dernier cas on les plante en pleine terre, très-espacés, dans un terrain préparé à l'avance, soit sous châssis, soit dans une serre bien ombragée, et tenue constamment dans un milieu humide.

Ce moyen est celui qui perd le moins de graines; il a aussi l'avantage de conserver ces mères-pieds pour les multiplier par éclats ou par boutures. Quelle que soit l'époque de floraison, les plantes choisies comme porte-graines doivent toujours être abritées; les graines étant munies de petites aigrettes très-légères que le moindre vent enlève, on comprend quel inconvénient résulterait de les avoir placées en plein air.

La graine des Cinéraires peut se garder deux et trois ans; mais à la troisième année il ne lève que la moitié des graines.

Les vieilles graines ont l'avantage de produire des plantes à fleurs plus larges, plus épaisses, et dont les coloris sont toujours plus vifs; seulement les feuilles en sont toujours moins grandes, moins fournies; enfin les plantes provenant de vieilles graines ont, pour la généralité, le port plus trapu, et sont moins sujettes à s'étioler.

MULTIPLICATION PAR BOUTURES OU PAR ÉCLATS.

Toutes les variétés produites par les semis, dont on voudra conserver la perfection, ou la couleur, sans qu'elles subissent aucune altération, devront préférablement être multipliées de boutures ou d'éclats ; dans ce cas, on doit, aussitôt leur défloraison, les placer en pleine terre, à l'ombre, et les soigner pendant l'été comme je l'ai dit pour les plants transplantés provenant de semis.

Vers la fin du mois d'août, on les lève de terre pour dégager et séparer de la souche tous les éclats enracinés ; ceux-ci doivent être repiqués sous châssis froid ou empotés dans de petits pots proportionnés à leur force, et de la même manière que pour des plants de semis bons à repiquer.

Pour les branches mères qui n'auraient pas de racines lors de cette division, et qui par conséquent ne représentent que des boutures auxquelles il faut faire prendre des racines, on les repiquera dans de petits pots, dits godets, que l'on placera sous des cloches ou des châssis bien étouffés, ombrés et tenus légèrement humides. Une vieille couche donnant encore un peu de chaleur est toujours d'un excellent effet en ce qu'elle active le développement des racines.

On commence à donner un peu d'air quand ces boutures développent de nouvelles feuilles, ce qui indique toujours qu'elles ont pris des racines; et on augmente graduellement l'air à mesure que les plantes prennent de la force.

Je terminerai ce genre de multiplication en faisant remarquer que les plantes propagées par éclats ou boutures sont toujours moins belles de port et de force, et aussi plus délicates que celles qui proviennent de semis.

C'est pourquoi ces deux modes de

propagation ne doivent être employés que pour conserver des variétés extraordinairement belles, soit par leurs coloris, soit par la perfection de forme peu commune.

MALADIES.

MOYENS POUR LES COMBATTRE.

Dans ce genre de plantes, les maladies à redouter sont au nombre trois ; savoir :

Le *Blanc*, la *Rouille* et la *Grise*.

Ces trois maladies sont faciles à combattre et à éviter.

On arrête le développement du *Blanc* par des soufrages opérés le soir, dès que l'on en aperçoit les premières traces symptomatiques. A l'aide de trois ou quatre soufrages, le *Blanc* est toujours arrêté et quelquefois détruit.

La *Rouille* est presque toujours produite à la suite des grandes pluies, lorsque les plantes trop serrées ont par conséquent de la peine à se ressuyer. Une transplantation effectuée dès le début de cette maladie en arrête tous les mauvais effets.

La *Grise* se produit dans les années extraordinairement sèches et chaudes; dans les terrains sableux elle est très-commune pendant l'été. On l'évite en tenant les chemins et les allées, qui avoisinent les plantes, aussi frais que les plates-bandes dans lesquelles les Cinéraires se trouvent plantées.

DES INSECTES NUISIBLES.

Les insectes nuisibles aux Cinéraires sont les *Limaces* (*Limax agrestis*), les *Escargots* ou *Helix*, les *Chenilles grises* de terre, les *Chenilles vertes* et les *Pucerons*.

Divers moyens ont été préconisés pour détruire les *Limaces* et les *Escargots*; celui qui nous a toujours le mieux réussi est la chaux en poudre éteinte à l'air avant de l'employer, et répandue sur le sol. Cette opération doit être faite avec la plus grande attention, le soir, en ayant soin que la chaux ne tombe pas sur les feuilles des plantes. Le sel de cuisine parsemé entre les rangs des plants les éloigne aussi rapidement.

On évite les *Chenilles grises* de la même façon que la maladie appelée la *Grise*, en tenant les chemins et allées avoisinant les plantes aussi humides que les plates-bandes elles-mêmes.

Les *Chenilles vertes* doivent être cherchées à la main et détruites aussitôt; toutes les fois que les feuilles sont percées de nombreux trous, on est averti que sous l'une d'elles il y a quelques-uns de ces insectes.

Les *Pucerons* se détruisent par des

fumigations de tabac; et, quand les plantes sont en fleurs, de préférence par des seringages à l'eau, dans laquelle on aura fait infuser des feuilles de tabac. Inutile de dire que l'eau doit être employée froide.

TABLE

Paris.—Imprimerie horticole de E. DONNAUD, rue Cassette, 9.

Paris. — Imprimerie de E. DONNAUD, rue Cassette, 9

www.ingramcontent.com/pod-product-compliance
Ingram Content Group UK Ltd.
Pitfield, Milton Keynes, MK11 3LW, UK
UKHW021018180726
13838UKWH00004B/1576